BEI GRIN MACHT SICH IHR WISSEN BEZAHLT

- Wir veröffentlichen Ihre Hausarbeit,
  Bachelor- und Masterarbeit

- Ihr eigenes eBook und Buch -
  weltweit in allen wichtigen Shops

- Verdienen Sie an jedem Verkauf

Jetzt bei www.GRIN.com hochladen und kostenlos publizieren

Bibliografische Information der Deutschen Nationalbibliothek:

Die Deutsche Bibliothek verzeichnet diese Publikation in der Deutschen National-
bibliografie; detaillierte bibliografische Daten sind im Internet über http://dnb.d-
nb.de/ abrufbar.

Impressum:

Copyright © 2016 GRIN Verlag
Druck und Bindung: Books on Demand GmbH, Norderstedt Germany
ISBN: 9783346060334

Dieses Buch bei GRIN:

https://www.grin.com/document/497417

Christoph Schönfeldt

Einstieg in die Stochastik. Eine Unterrichtsstunde an einer beruflichen Schule

GRIN Verlag

GRIN - Your knowledge has value

Der GRIN Verlag publiziert seit 1998 wissenschaftliche Arbeiten von Studenten, Hochschullehrern und anderen Akademikern als eBook und gedrucktes Buch. Die Verlagswebsite www.grin.com ist die ideale Plattform zur Veröffentlichung von Hausarbeiten, Abschlussarbeiten, wissenschaftlichen Aufsätzen, Dissertationen und Fachbüchern.

Besuchen Sie uns im Internet:

http://www.grin.com/

http://www.facebook.com/grincom

http://www.twitter.com/grin_com

Einstieg in die Stochastik

Seminar: Didaktik der Stochastik

vorgelegt von:
Christoph Schönfeldt

Berufliche Bildung in
der Sozialpädagogik (M.A.)

Inhaltsverzeichnis

Einleitung

Die vorliegende Arbeit wird im Seminar „Didaktik der Stochastik" verfasst. Sie beruht auf den Erfahrungen, die im Master Praktikum an einer Schule in Hamburg gemacht worden sind. Der Unterricht an sich wurde mit dem Mentor abgesprochen und dementsprechend durch-geführt. Die eigentliche Erarbeitung fand allerdings erst deutlich später statt, jedoch unter dem Vorbild der Vorgehensweise an Hamburger Schulen. Da besonders Wert auf Selbstständigkeit gelegt wurde, ist die Quellenlage besonders gering gehalten. Lediglich die Aufgabenstellung wurde übernommen.

1 Planungsrelevante Faktoren

1.1 Schülerbezogene Planungsfunktionen

Die Klasse besteht aus 15 Schülern im Alter von 16 bis 25 Jahren. Von den ursprünglich 21 Schülern haben bereits 6 die Schule aus unterschiedlichen Gründen verlassen.

Die Klasse ist sehr leistungsheterogen: 7 Schüler zeigen gute bis sehr gute Leistungen, 8 Schüler sind eher schwach. Unter den schwächeren Schülern gibt es einige, die eine gute Vorstellung von mathematischen Zusammenhängen haben. Die Berechnungen scheitern jedoch immer wieder an den mathematischen Werkzeugen wie Bruchrechnung und Termumformungen.

Bei der Stochastik kommt es eher auf die Modellierung eines Problems als auf umfangreiche Berechnungen an. Deshalb rechne ich damit, dass hier auch die schwächeren Schüler gute Leistungen bringen können und werden. Die Klasse zeigt allgemein ein hohes Interesse an Stochastik. Das Klassenklima ist gut, die Klasse ist jedoch lebhaft und unruhig.

1.2 Lehrerbezogene Planungsfaktoren

Ich hospitiere in der Klasse vier Stunden pro Woche im Fach Mathematik als Praktikant. Das Unterrichten selbst bringt mir Spaß, die Atmosphäre zwischen den Schülern und mir empfinde ich als freundlich und angenehm.

Ich habe im Bachelor Praktikum die Erfahrung gemacht, dass die Motivation der Schüler bei Spielen besonders hoch ist. Die Schüler können sich spielerisch gut in mathematische Themen hineindenken. Deshalb habe ich ein Glücksspiel als Einstieg in die Stochastik gewählt.

Alle Schüler spielen das gleiche Glücksspiel, um möglichst viele gleichartige Daten zu bekommen, die gemeinsam ausgewertet werden können. Außerdem werden so die Ergebnisse aller Schüler weiterverarbeitet, wodurch die Schüler ihren Beitrag und ihre Erfahrungen gut in dem ausgewerteten Ergebnis wiederfinden können. Das steigert die Motivation und die Identifizierung mit der Aufgabe.

1.2 Organisatorische Planungsfaktoren

Für die Unterrichtsstunde benötige ich 28 20ct-Münzen, eine Flipchart und mehrere Metaplanwände. Der Unterricht findet zum Teil im Moderationskreis und zum Teil an Gruppentischen statt. Der Raum ist angemessen ausgestattet.

2 Entscheidungen

2.1 Grundsätzliche Absichten / Legitimation

Im Mathematikunterricht sollen die Schüler ein Verständnis von mathematischen Zusammenhängen erlangen. Ich möchte, dass sie Mathematik als Sprache begreifen, um technische Zusammenhänge darzustellen und zu verdeutlichen.

Die Schüler sollen in der Lage versetzt werden, geschilderte Probleme in eine mathematische Aufgabe zu übersetzen und diese dann zu lösen. Dafür benötigen sie Handwerkszeug wie Termumformungen, Bruchrechnung und Differentialrechnung. Deshalb bemühe ich mich immer, im Unterricht einen Bezug zur realen Welt bzw. zu technischen Themen herzustellen.

Außerdem ist es mir wichtig, dass die Schüler teamfähig werden: gute Schüler sollen die schwächeren Schüler unterstützen, während diese den Unterricht durch Nachfragen voranbringen. Deshalb fordere ich die Schüler häufig auf, in Kleingruppen zu arbeiten. Damit alle Schüler am Unterrichtsgeschehen beteiligt sind, spreche ich auch bewusst Schüler an, die sich nicht melden, und fordere sie auf, Fragen zu stellen.

2.2. Inhalte
In der Unterrichtsphase „Stochastik" sollen die Schüler die Beschreibung von Zufallsexperimenten kennenlernen. Dabei sollen sie mit den stochastischen Grundbegriffen wie „absolute und relative Häufigkeit", „Ergebnis und Ereignis", „Zufallsgröße", „Laplace-Experiment" und „Wahrscheinlichkeit" vertraut werden. Außerdem sind die Einführung von Baumdiagrammen und Pfadregeln bei mehrstufigen Zufallsexperimenten gewünscht.
Diese Unterrichtsstunde schafft den Einstieg in das Thema mit einem Glücksspiel. Nach der Stunde sollen die Schüler in der Lage sein, das Glückspiel zu beurteilen. Dabei steht die Frage „Ist das Spiel fair?" im Vordergrund.

Die Spielregeln[1]:
Es werden 4 Münzen geworfen, der Einsatz beträgt 3€. Erscheint 3x Zahl, werden 8€ ausgezahlt, der Spieler gewinnt 5€. In allen anderen Fällen behält die Bank den Einsatz, der Spieler verliert 3€.

Das Spiel ist relativ komplex. Es eignet sich aber hervorragend für diese Stochastik-Einheit, weil mit diesem Spiel alle stochastischen Grundbegriffe verdeutlicht werden können, die in der Vorstufe gefordert sind.

2.3 Didaktische Transformation/Reduktion
Die Schüler spielen das Spiel nach festen vorgegeben Regeln und halten ihre Ergebnisse in einem vorgegebenen Protokoll fest.
Das erleichtert den Vergleich der Ergebnisse. Zudem können so alle Ergebnisse in der Gesamtauswertung weiter berücksichtigt werden. Die erhaltene Datenmenge ist ausreichend groß für eine stochastische Auswertung.
Auch die Struktur des Baumdiagramms zur theoretischen Betrachtung des Spiels ist vorgegeben, um möglichst schnell leicht nachvollziehbare Ergebnisse zu erhalten.

2.4 Unterrichtsstruktur
siehe Anhang.

---

[1] nach [1]

2.5 Unterrichtliche Ziele

In dieser Unterrichtsphase lernen die Schüler die Grundbegriffe der Stochastik kennen und können diese anwenden. Die Schüler sind in der Lage ein Zufallsexperiment mathematisch darzustellen und zu bewerten.

Die Unterrichtsstunde ist die Einstiegsstunde in das Thema Stochastik. Nach dieser Einstiegsstunde können die Schüler beurteilen, ob ein Glückspiel fair ist, indem sie ein Glückspiel mit 4 Münzen durchführen und den Gewinn bei mehreren Spieldurchgängen ermitteln. Anschließend betrachten die Schüler das Glückspiel theoretisch, indem sie ein Baumdiagramm ergänzen und auswerten.

Die Schüler vertiefen und erweitern ihre *Fachkompetenz*, indem sie
- eigenständig ein Zufallsexperiment durchführen und dokumentieren
- Zufallsexperimente als Baumdiagramme darstellen können
- entscheiden können, ob ein Spiel fair ist

Die Schüler vertiefen und erweitern ihre *Sozialkompetenz*, indem sie
- das Spiel zunächst in Partnerarbeit durchführen. Dabei sind die Paare so gewählt, dass jeweils ein leistungsstarker und ein leistungsschwacher Schüler zusammen arbeiten. So müssen die stärkeren Schüler die schwächeren unterstützen.
- sich mit einer anderen Zweiergruppe austauschen und die erhaltenen Ergebnisse vergleichen.
- sich gegenseitig zuhören und Verantwortung für ihr Gruppenergebnis übernehmen.

Die Schüler vertiefen und erweitern ihre *Methodenkompetenz*, indem sie
- ein Zufallsexperiment durchführen und strukturiert auswerten. Dabei stellen sie das Zufallsexperiment als Tabelle und als Baumdiagramm dar.

2.6 Einbettung des Unterrichts

Datum	Stundenthema und –inhalt	Std.
05.06.2014	Klausur Kurvendiskussion & Extremwertaufgaben	2

06.06.2014	Unterrichtsstunde: Einstieg in die Stochastik: Glücksspiel mit 4 Münzen
	⇨ ist das Spiel fair?
	⇨ Glückspiel durchführen und auswerten
	   ○ Benennung von stochastischen Begriffen
	     ■ absolute Häufigkeit
	     ■ Ergebnismenge / Ergebnis
	     ■ Ereignis
	     ■ Zufallsgröße
	⇨ Kann man die Fairness theoretisch beurteilen?
	   ○ Einführung des Baumdiagramms
		2

12.06.2014	Rückgabe der Klausur Weiterführung Glücksspiel mit 4 Münzen: ⇨ Wie kann man das Glücksspiel fair gestalten? ⇨ Einführung weiterer stochastischer Begriffe	2

4

	o relative Häufigkeit	
	o Wahrscheinlichkeit	
	o Laplace-Experimente	
16.06.2014	Weiterführung Glücksspiel mit 4 Münzen	2
	⇨ Festigung der stochastischen Begriffe	
	⇨ Einführung des Urnenmodells:	
	o ist 4 x gleichzeitig ziehen gleich 4 x hintereinander?	
	o wie unterscheiden sich Ergebnis und Ereignis?	
23.06.2014	Übertragung auf andere Zufallsexperimente:	2
	⇨ Abschätzen großer Mengen	
26.06.2014	Wie zählt man etwas, das man nicht zählen kann?	2
	⇨ Die Capture-Recapture-Methode	
30.06.2014	Abschluss der Stochastik-Einheit	2
	⇨ Auswerten von Zufallsdaten mit Excel	
	⇨ Evaluation des Unterrichts	

2.7. Unterrichtsverlauf nach Phasen[2] & grundsätzliche Zielsetzung

2.7.1 Einstieg
Ich begrüße die Schüler im Moderationskreis zum Spiel „3 x Zahl gewinnt", erläutere die Ziele der Unterrichtsstunde und stelle den Stundenablauf vor.

Ziele und Begründung:
Mit dem Einstieg schaffe ich Transparenz für die Unterrichtsstunde. Der Moderationskreis schafft eine offene und aufmerksame Arbeitsatmosphäre.

2.7.2 Hypothese aufstellen – ist das Spiel fair?
Ich erkläre die Spielregeln des Glücksspiels:
Ein Spieler spielt gegen die Spielbank mit 3€ Spieleinsatz. Es werden vier 20Cent-Münzen geworfen. Erscheint genau dreimal „Zahl", dann werden dem Spieler 8€ ausgezahlt (Gewinn 5€), ansonsten verliert der Spieler seinen Einsatz an die Bank.
Ich fordere die Schüler auf, Vermutungen zu äußern, ob es sich um ein faires Spiel handelt. Um das beurteilen zu können, müssen wir uns darauf einigen, was ein faires Spiel ist. Die Vermutungen und die Definition „faires Spiel" halte ich schriftlich fest.

Ziele und Begründung:
Durch die eigenen Vermutungen setzen sich die Schüler gleich zu Stundenbeginn mit dem Thema auseinander und machen so das Problem der Fairness zu ihrem eigenen Thema. Das steigert ihre Motivation, das Problem zu lösen.

2.7.3 Gruppeneinteilung
Ich teile die Schüler in 2 Gruppen ein (leistungsstarke und schwächere Schüler) und fordere sie auf, sich aus der jeweils anderen Gruppe einen Partner zu suchen. Die schwächeren Schüler repräsentieren die Bank, während die stärkeren Schüler die Spieler sind.

---

[2] In Anlehnung an „entdeckendes Lernen"

<u>Ziele und Begründung:</u>
Die Paare sind leistungsheterogen gemischt. Ich erwarte, dass die Paare sich gut ergänzen, da die schwächeren Schüler bei spielerischen Ansätzen häufig gute Ideen haben und mit einer großen Lockerheit an diese Themen herangehen. Die leistungsstärkeren Schüler werden dafür voraussichtlich die theoretische Betrachtung des Spiels mit einem Baumdiagramm schneller durchdringen.

2.7.4. Entdecken / Problemlösung
Die Paare führen 25 Probespiele als vorstrukturierten Versuch durch und protokollieren ihre Ergebnisse mit einem vorgenebenen Spielprotokoll. Das erste Paar, das alle Spiele durchgeführt hat, beendet die Spielphase auch für alle anderen Paare.
Die Paare vergleichen und diskutieren ihre Ergebnisse mit den Ergebnissen eines anderen Paares.

<u>Ziele und Begründung:</u>
Das eigenständige Durchführen der Probespiele entspricht dem ganzheitlichen Lernen mit Kopf, Herz und Hand. Die Schüler sind motiviert, also mit dem Herzen dabei, weil sie das Spiel gewinnen wollen. Durch das Werfen der Münzen haben sie einen händischen Zugang zur Problemstellung. Für die Gewinnermittlung werden die Einzelspiele gedanklich ausgewertet.
Bei dem Vergleich der Ergebnisse mit einem anderen Paar müssen die Schüler ihre Ergebnisse in Wort fassen und so konkretisieren. Dafür ist es hilfreich, wenn alle ein vergleichbares Spielprotokoll führen. Die Schüler werden feststellen, dass die anderen Paargruppen ähnliche Ergebnisse erzielt haben und werden so in ihrer Spieldurchführung und Auswertung bestätigt. Die Diskussion in den Kleingruppen ermöglicht zudem den zurückhaltenden Schülern, dass sie sich in eine Diskussion einbringen können, ohne vor der ganzen Klasse sprechen zu müssen.
Durch das gleichzeitige Beenden der Spielphase sind alle Schüler die ganze Spielphase lang beschäftigt, und es tritt bei keinem Paar ein Leerlauf auf.

2.7.5 Darstellen der Ergebnisse und Auswertung
Die Gruppen tragen ihre Ergebnisse auf eine bereitgestellte Metaplanwand ein und kommen zurück in den Moderationskreis. Der Gesamtgewinn über alle Spiele wird ermittelt. Dabei werden die stochastischen Begriffe „absolute Häufigkeit", „Ergebnis", „Ereignis" und „Zufallsgröße" genannt. Die anfangs aufgestellten Vermutungen, ob das Spiel fair ist, werden wieder aufgegriffen.

<u>Ziele und Begründung:</u>
Durch das Eintragen der Einzelergebnisse wird den Schülern deutlich, dass ihre Ergebnisse Teil des Gesamtergebnisses sind. Die Schüler können sich so mit dem Ergebnis identifizieren und sind motiviert, das Spiel auszuwerten. Es wird deutlich, dass das Spiel nicht fair ist.
Die Fachbegriffe werden genannt, um dem Spiel die nötige fachliche Tiefe zu geben. Die eigentliche Definition der Begriffe sowie eine vertiefende Betrachtung folgen jedoch in späteren Unterrichtsstunden.

2.7.6. Hypothese aufstellen – kann man theoretisch zeigen, dass das Spiel unfair ist?
Ich stelle den Schülern ein Baumdiagramm vor, mit dem sich Zufallsexperimente auswerten lassen.

Ziele und Begründung:
Mit einem Baumdiagramm können Zufallsexperimente übersichtlich visualisiert werden.

2.7.7 Entdecken II
Die Schüler ergänzen ein vorgegebenes Baumdiagramm in ihren ursprünglichen Paargruppen und schätzen die Gewinnsumme bei 160 Spielen.

Ziele und Begründung:
Das Baumdiagramm ist vorgegeben, um den Schüler in kurzer Zeit einen sinnvollen Lösungsweg anzubieten. Durch das selbständige Bearbeiten setzen die Schüler sich intensiv mit der Struktur des Baumdiagramms auseinander. Sie können damit eigenständig nachweisen, dass das Spiel nicht fair ist.
In einer Paargruppe kann sich kein Schüler hinter anderen Gruppenmitgliedern verstecken, alle sind eingebunden.

2.7.8 Darstellen der Ergebnisse und Auswertung
Eine Paargruppe präsentiert ihre Ergebnisse mit Hilfe von Karten an einer vorstrukturierten Metaplanwand, während die anderen Gruppen Inhalte ergänzen. Neben dem Baumdiagramm soll auch der erwartete Gewinn bei 160 Spielen besprochen werden.

Ziele und Begründung:
Die Schüler können ihre Ergebnisse vergleichen und besprechen.

2.7.9 Abschluss
Hier folgen der Rückblick auf das Stundenziel und ein Ausblick auf die Folgestunde, in der wir uns mit der Gewinnanpassung beschäftigen werden.
Per Daumenprobe frage ich ab, ob
- die Schüler beurteilen können, ob ein Spiel fair ist oder nicht
- die Struktur des Baumdiagramms nachvollziehbar ist
- die Schüler heute Spaß am Unterricht hatten

Dann beende ich die Stunde.

Ziele und Begründung:
Der Rückblick auf das Stundenziel ist nötig, um beurteilen zu können, wie erfolgreich die Unterrichtsstunde war. An dieser Stelle müssen die Schüler eingebunden werden, da nur sie beurteilen können, was sie im Unterricht verstanden haben. Die Daumenprobe liefert einen groben aber schnellen Überblick.
Der Ausblick auf die Folgestunde schafft Transparenz und Orientierung für die Schüler.

3 Durchführungskonzept

Zeit	Phasen	Aktivität	Sozial-form	Medien
8.00 – 8.05	Einstieg	Ziel: Begrüßung der S., arbeitsfähig werden - Vorstellen des Stundenablaufs	(MK)	
8.05 – 8.15	Hypothese I aufstellen	Ziel: Regeln erklären, Vermutungen aufstellen ⇨ Regeln: - 4 Münzen werden geworfen, Einsatz: 3€, - 3 x Zahl: 8€ werden ausgezahlt - sonst: Einsatz an Bank ⇨ Vermutungen: - Handelt es sich um ein faires Spiel?	(MK) LV LSG / SSG	MPW / Tafel
8.15 – 8.20	Gruppen-einteilung	Ziel: 2er Gruppen, bestehend aus einem Spieler und einem Bankier die leistungsstarken Schüler sind die Spieler, die schwächeren Schüler sind Banker		Gruppen-karten
8.20 – 8.40	Entdecken	Ziel: S. führen Probespiele durch und protokollieren Ergebnisse Partnergruppen ermitteln Gewinn bei 25 Probespielen ⇨ Die erste Gruppe, die fertig ist, beendet die Spielphase für alle ⇨ Vergleich der Ergebnisse mit zweiter Gruppe: wer hat wieviel Geld gewonnen / verloren?	Pair-Square-Share	Spielpro-tokoll MPW
8.45	**Start des Unterrichts**			
8.40 – 8.55	Darstellen der Ergebnisse + Auswertung	Ziel: Zusammenführen aller Ergebnisse; S. erkennen, dass die Bank immer hoch gewinnt ⇨ Gruppen tragen ihre Ergebnisse auf MPW ein ⇨ Nennen der stochastischer Begriffe: o absolute Häufigkeit o Ergebnis o Ereignis o Zufallsgröße ⇨ Wer hat wieviel gewonnen / verloren? o Gewinn über alle Spiele ⇨ Vermutungen wieder aufgreifen: o Ist das Spiel fair?	(MK) LSG	MPW
8.55	Hypothese	Frage: Man kann theoretisch zeigen, dass das	(MK)	MPW

8

– 9.00	II aufstellen	Spiel nicht fair ist. ⇨ Vorstellen des Baum-Diagramms	LV	
9.00 – 9.15	Entdecken II	Ziel: S. können mit dem Baumdiagramm nachweisen, dass das Spiel nicht fair ist ⇨ S. ergänzen ein Baumdiagramm, und schätzen die Gewinnsumme bei 160 Spielen.	GA	MPW Arbeits- blatt
9.15 – 9.25	Darstellen der Ergeb-nisse + Auswertung	Ziel: eine Gruppe präsentiert ihre Ergebnisse, während die anderen Gruppen ergänzen ⇨ das Spiel ist unfair, da die Bank mehr gewinnt als ausschüttet	(MK) SSG / LSG	MPW

9.25
-
9.30
	Abschluss	Ziel: Stundenende einleiten
		⇨ Rückblick aufs Ziel: Daumenprobe
		   o Können die Schüler beurteilen, ob ein Spiel fair ist?
		   o Ist die Struktur des Baumdia-gramms deutlich geworden?
		⇨ Ausblick: Gewinnanpassung, Wahr-scheinlichkeiten
			LV	MPW

GA: Gruppenarbeit, LSG: Lehrer-Schüler-Gespräch, SSG: Schüler-Schüler-Gespräch,
MK: Moderationskreis, OHP: Overheadprojektor, LV: Lehrervortrag

4.1 Unterrichtsstruktur

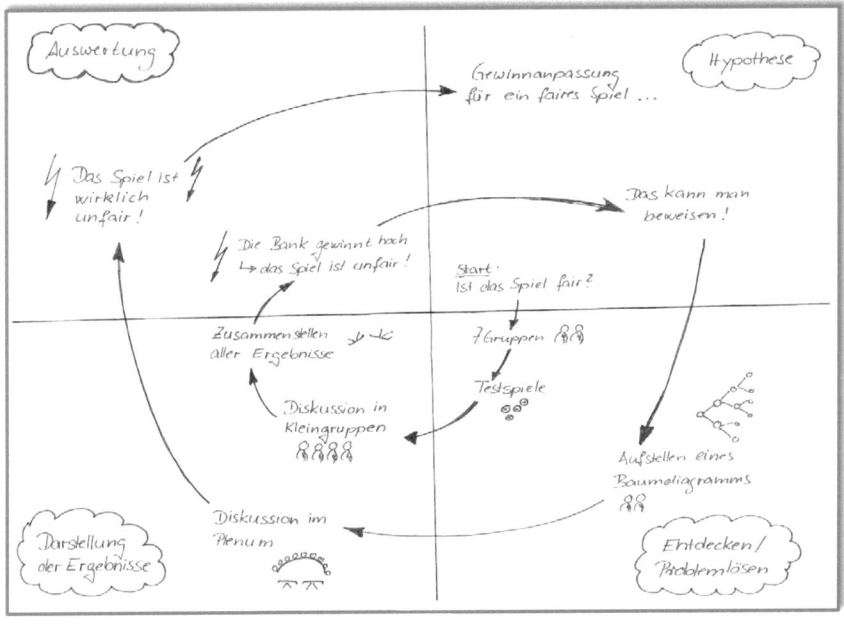

4.2 Erwartete Schülerlösung

Der Spieler gewinnt in 4 von 16 Fällen 5€
Er verliert in 12 von 16 Fällen seinen Einsatz von 3€.

Betrachtet man 160 Spiele bedeutet das, dass der Spieler voraussichtlich
10 x 4 x 5€ = 200€ gewinnt, aber 10 x 12 x 3€ = 360€ verliert. Damit ist gezeigt, dass das Spiel
unfair ist. Bei einem fairen Spiel müsste die Gewinnsumme 0€ betragen.

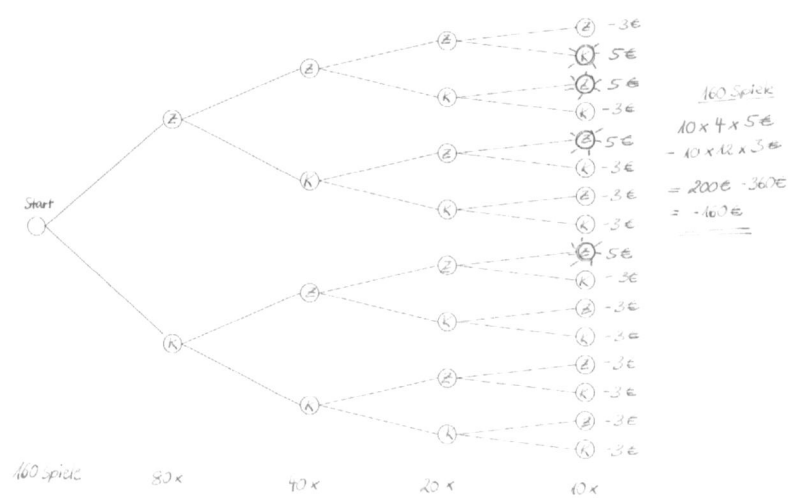

Literatur

Mathematik Neue Wege. Arbeitsbuch für Gymnasien. Stochastik.
Schroedel Verlag 2012.